家居风格系列

营造温馨之家

刘文华 编著

中国人民大学出版社

北京科海电子出版社

www.khp.com.cn

图书在版编目(CIP)数据

营造温馨之家/刘文华编著.
北京:中国人民大学出版社,2008
(家居风格系列)
ISBN 978-7-300-10035-7

Ⅰ. 营…
Ⅱ. 刘…
Ⅲ. 住宅—室内装饰—建筑设计
Ⅳ. TU241

中国版本图书馆 CIP 数据核字(2008)第 188590 号

家居风格系列
营造温馨之家
刘文华 编著

出版发行	中国人民大学出版社　北京科海电子出版社			
社　　址	北京中关村大街 31 号		**邮政编码**	100080
	北京市海淀区上地七街国际创业园 2 号楼 14 层		**邮政编码**	100085
电　　话	(010) 82896442　62630320			
网　　址	http://www.crup.com.cn			
	http://www.khp.com.cn(科海图书服务网站)			
经　　销	新华书店			
印　　刷	北京市雅彩印刷有限责任公司			
规　　格	210 mm×285 mm　16 开本	**版　次**	2009 年 1 月第 1 版	
印　　张	4.25	**印　次**	2009 年 1 月第 1 次印刷	
字　　数	103 000	**定　价**	22.00 元	

前　言

家的感觉是什么？你的家是追赶时代的现代潮流，还是返朴归真的田园气息，或者是追求华美的绚烂风光，也许是追求平稳的温馨感觉，甚至是释放自我的个性展示，当然也有可能是褪去繁华的简约风格。一个家，一种格调，一种主张，你了解你的家吗？或者说，你了解你自己的主张吗？

回到家，环顾四周，是否有一种回归自我的感觉？来了访客，你是否可以让自己的家告诉他人，这就是我？朋友聚首，你是否能侃侃而谈，我的家，我的主张……

在陪伴自己一生一世的家中，我们投入了如此多的精力与财力去创造它、完善它。我们在投入这些量化物质的同时，我们也在投入我们的性格，我们的追求与向往。太多的人说过，看一个人的家是什么样子的，就能了解家的主人是什么样子。因此，我们才不遗余力地去折腾我们的房子，为的就是家与人的完美融合。

在社会分工如此细化的今天，我们往往将自己的主张慢慢托付给了别人，比如设计师、朋友，即使最终得到了自己想要的东西，也是只可意会不能言传。这无疑是一种失落，一种对家的感觉，对自己人生的语言失落。

我们提供的不仅仅是一张图片，一种解释，更为主要的，我们是要提供对家的理解，对自己所追求的人生的一种具体彰显，找回我们失落的语言。让你能确实有感觉，确实有想法，确实有说法，言之有物，尽情享受家的畅快。

本套丛书详尽地展示了时下流行的各种家装风格，亦图亦文，让你从中了解自己对家的理解，提前感知自己的家到底是什么样子，从而营造一个带有自己风格品位的家。本套丛书本着服务于大众，满足大众生活需求的宗旨，汇集了当今最新，最流行的家庭装修风格实例，囊括了现代、田园、温馨、简约、绚烂、个性六大主流风格，让你实实在在地触摸到自己家的感觉。

《营造现代之家》现代意味着追求时尚与潮流，身处工业社会的现代人生活似乎也更注重功能化，简洁新颖、时代感极强的现代之家无疑是他们的首选。现代风格彰显时代气息，体现流行之美，自然也备受现代都市人的推崇。

《营造田园之家》让自然生态回到室内，增加幽静、宁静、舒适的田园生活气息，显示自然界的清净本色。崇尚自然、回归自然，富有自然气息的田园风格能让你获得生理和心理的平衡。对那些追求悠闲、舒畅、自然生活情趣的人来说，田园才是唯一的选择。

《营造温馨之家》富丽堂皇，美轮美奂自然是夺人眼球，但是惊叹之余，也许发觉似水柔情更适合自己。比如生活感，比如温情，还有家的那份温馨。一个舒适自然的小家，满眼的温馨，让人心生美好。在这样一个家里，总能心情平和、充满暖意，犹如春风拂面，一不小心就会深深沉醉其中。

《营造简约之家》简约不等于简单，时下"简约之风"风靡全球，家居生活我们崇尚简洁与精致，渴望回归平实，享受惬意。简约是一种生活情趣，在喧嚣都市里，让我们的生活空间更自然、纯净、简明、清新而宁静。

《营造绚烂之家》雍容华贵自有迷人之处，繁华绚丽自然让人如痴如梦，让梦想成真，也许这就是儿时魂牵梦萦的宫殿，属于自己的宫殿。把各种象征豪华的设计嵌入装修之中，不染一丝尘埃，让自己的生活为之绚烂，为之精彩。

《营造个性之家》个性的张扬，品位的独到，让人叹为观止的创意。一切只为让你明白：没有做不到，只有想不到。无规则的空间变化，色彩与光的大胆创造，无不体现了一种无拘无束的自我释放。个性的极致张扬，本身就是一种美。

目录

CONTENTS

前言

风格寄语   1

客厅与阳台   2

餐厅   32

卧室与书房   46

厨房   60

卫浴   63

风格寄语

　　家是一个休息的港湾，是一个温馨的爱巢，是一个雅致的居所而不应是一个作秀的舞台。摒弃所有的喧哗与浮躁，塑造一个宁静而温馨的家是我们家居装修的根本所在。无论我们是腰缠万贯的富豪，还是芸芸众生中的普通一员，我们都有一个共同的期望：拥有一个温馨幸福的家。在你历经风雨之时，你想到的是那一盏明灯，在你品尝爱的甜蜜之时，你想到的是那一丝温情，在你享受天伦之乐之时，你想到的还是那充满温馨的家，一个让我们放松心情，无限眷恋的港湾。

　　温馨是一个家庭的基石，是心灵的慰藉，更是我们生活的快乐源泉。时尚也好、个性也罢，总抵不过温馨二字。我们在用物质装修居室的时候，更多的是想用我们的双手创造出一个充满浓浓爱意的家的感觉。面对如此丰富多彩的世界，我们在努力打造生活空间的时候，往往顾虑了太多的外在因素，却丢失了家的真谛：温馨！流行只是过眼云烟而已，我们应该重新拾起我们的心灵，寻找我们本应该拥有的温馨之家！

上图 错落的开放式阳台设计，不仅让客厅空间增大了不少，而且田园风格的搭配也给空间带来了些许自然风情。

左下图 现代与田园的混和体，暖色的空间色彩，搭配现代的简洁沙发，整个客厅混搭一色，充满了温馨的感觉。

小贴士

温馨既可以是华丽的空间组合，也可以是简洁的小康之家，物质的因素不再是第一位，以家庭的特点和喜好为出发点而成的空间，往往才是最适合自己的家居空间。

右上图 略显华贵的英式田园风格给客厅空间带来非常温馨浪漫的感觉，但精致的家具配饰也会导致装修费用的昂贵。

左下图 宽大的弓形窗户被大面积的窗帘所遮掩，欧式的客厅家具与空间整体色彩一致，高雅中流露出生活的温馨舒适。

左上图 整个客厅都采用中性色调的家具与装饰，无论是地板还是沙发或者窗帘，无一例外都给人一种温柔、私密的感觉。

右下图 弧形的空间构造，装点着满天繁星的灯光设计，让这个不大的客厅温馨舒适的感觉十分明显，生活气息浓厚。

客厅的地面应具备保暖性，一般宜采用中性或暖色调，材料有地板、地毯等。

左上图 统一的空间暖色调设计，搭配现代时尚的沙发家具，空间的现代感与温馨舒适得到了很好地协调。

右下图 水晶吸顶灯的色彩为温暖的客厅空间增添了些许现代的浪漫之情，轻盈的窗纱也对空间的效果起到了很好的装饰作用。

左上图 统一的空间暖色调设计，搭配现代时尚的沙发家具，空间的现代感与温馨舒适得到了很好地协调。

右上图　印花靠垫不仅可以给空间带来色彩上的跳动，坐在沙发上，或靠，或抱都给人一种舒适的享受。

右下图　两组略有差异但同样温馨的现代短绒沙发，暖暖的棕色地毯与木质地板共同构成了舒适的客厅空间，绿植的摆放则给空间增添了一份清新。

左上图　柔软的沙发造型搭配暖色的地毯与木质家具，让简单的客厅有了温暖舒适的感觉。良好的采光也让客厅空间多了一些明亮与清新。

左下图　简洁的客厅家具让出了足够的空间感，精致的茶几摆放在暖色的地毯上，加上充足的采光，整个空间温馨而不缺乏时尚。

小贴士

客厅灯具的配置应有利于创造稳重大方、温暖热烈的环境，使客人有宾至如归的亲切感。一般可在房间的中央装一盏单头或多头的吊灯作为主体灯。以嵌灯、落地灯为辅助照明。若想营造温馨的感觉，不妨试着装多盏嵌灯，减轻空间压迫感。

右中图　柔软度极高的米黄色沙发搭配稳重与时尚并存的茶几，让小小的客厅温馨又大方。

右下图　无论如何，带有一丝田园味道的空间总是给人以温馨舒适的感觉，加上搭配如此众多的暖色家具，感觉更为明显。

上图 桔黄的楼梯踏板与扶手，简洁的现代沙发，配以绿植鲜花的点缀，客厅空间的温暖舒适显露无遗。

左下图 简单的家具组合，简单的空间装饰，富有情趣的软装为客厅带来了生活的气息与享受，家的味道很直白地体现了出来。

上图 一小块墙面背景设计给客厅增添了空间上的变化，显得富有层次，小装饰品的点缀又带来了视觉上的艺术享受。

小贴士

角落的装饰最能体现艺术气息，空间的限制，让角落的布置非常有针对性，不必拘泥于某种教条的风格模式来装扮自己的家，随意搭配和摆放，并不是颠覆美学视觉规律，用一种闲散的心情错落有致地摆出一种恬静温馨的家居文化，才显现出主人独具匠心的优雅与温情。

右下图 无需过多的矫揉造作，也不贪图华丽的外表，简洁的暖色家具布置让客厅毫无遮挡，寻常百姓家居设计，追求的是生活的随意与舒适。

左上图 清新淡雅的客厅没有任何过于抢眼的颜色，清新的米色、淡黄色、深绿色在透明的玻璃茶几面和玻化砖地面的点缀下更显柔和。

左下图 现代中透露着平实，素雅中点缀着靓丽，家是自己喜好的空间，所有的装饰布置都是为了生活得更加温馨舒适。

左上图　客厅四周角落摆放的绿色盆景很好地提升了空间的舒适度，沙发的条纹布艺降低了木质家具带来的生硬感。

左中图　窗帘是增添空间温馨感觉的最佳手段之一，一帘搭配恰当的窗帘能够给整个空间带来意想不到的装饰效果。

小·贴士

　　小配饰——营造与众不同的感觉。居室中，可用几盆绿植、鲜花点缀；在客厅拐角处，摆放几盆漂亮的绿植；在书房的墙壁上，挂上几幅幽静的乡村图画；在餐桌上，铺上花纹秀丽的桌布，顿时让新房生机勃勃，充满浪漫温馨的气息。

左上图 温馨的效果不仅仅要体现在主体空间之中，玄关衣橱的设计不仅没有破坏立面的整齐，在色彩上也与空间做了很好的呼应。

右中图 通过对墙面形式与色彩的变化来划分相邻的功能空间，避免了生硬隔断给空间整体带来的破坏。

左下图　整洁的空间布置，条纹布艺的色彩变化，现代沙发的舒适简单，一切都是这么恰如其分，舒适与享受都能体现在生活之中。

右下图　简洁是营造小空间温馨气氛的首要因素，舒适的沙发与恰当的窗帘则是带来舒适生活的最佳工具。

小贴士

温馨的家庭，不应该缺少花艺。无论是芳芳的新鲜百合，还是恒久不变的花艺饰品，在你触目可及之处，都有花的美丽。在你的房间点缀一些漂亮花艺，浪漫之情也随之油然而生。

右上图 简洁的布置是营造温馨生活空间的常见手法，过于繁杂的空间布置很难营造出温馨舒适的感觉。

左下图 略为有些简单的空间因为有了立体色彩的统一和家具窗帘的搭配而产生了很舒适的感觉。

左上图　宽体沙发与抽象的木质茶几，搭配上浅浅的地毯和木质书桌，很难说是书房有了客厅的舒适，还是客厅有了书房的芬芳。

左下图　楼梯的下部空间被充分利用起来，浅色的沙发不仅"侵占"了空间而且与楼梯和地板色彩形成对比，增强空间的轻快和协调感。

小贴士

客厅设计舒适第一，应多考虑家人的舒适度，没有必要千篇一律地用沙发围着电视和音响。沙发独立成谈天区。聊天时可以不必看电视，沙发独立成组靠在一角，舒适即可。电视可以摆到次要位置，或者干脆拿到卧室，有条件的话，摆到家人围坐的起居室。

右上图　充满现代味道的空间布置，良好的采光让客厅清新明亮。

左下图　温馨家居也能来点变化，深色的沙发与布艺给客厅空间带来浓浓的复古味道，古典色彩与现代造型的混搭，喜欢的才是最舒适的。

右上图 紫色的窗帘给明亮舒适的客厅空间增添了浪漫的色彩，精致生活从家开始。

左中图 紧凑的空间由条纹的窗帘与木质墙面装饰包裹起来，柔和的家具陈设让空间显得舒适感极强。

小贴士

相对男性的理性，女人的天生感性就显得如此的柔情。就家居设计而言，女人主张丰富而温柔。当越来越多的设计使家的活力、浪漫与女人独有的天真温柔融合在一起时，女性家居时代就悠然而至了。

左上图 一对现代感极强的舒适摇椅加上一个简洁的木质小茶几，一个自由自在的空间就完成了，需要的空间不大，却能营造出最舒适的亲密氛围。

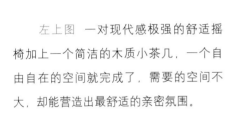

左下图 通透的一居室户型，通过对空间的整体设计，弱化各个功能空间的划分，营造一个舒适而不显拥挤的温馨小家。

右上图 一盆简单的绿植，一件漂亮的装饰都能给空间带来温馨的感觉，特别是在角落等小的空间范围中，恰当的装饰能够提升整体的风格享受。

小贴士

包括植物、布艺、小摆设等各类装饰品，彰显主人的个性与意识。富有生气的植物能给人清新、自然的感觉；布艺制品的巧妙运用能使客厅在整体空间色彩上鲜活起来；别致、独特的小摆设也能反映主人的性情，有时亦能成为空间不可或缺的点缀品。

左下图 温馨的家居空间中，家具的选择很重要，最好是选择软面的沙发，这样能增加客厅空间的舒适度。

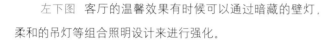

左下图 客厅的温馨效果有时候可以通过暗藏的壁灯，柔和的吊灯等组合照明设计来进行强化。

右下图 暖色调的简欧客厅，在日光的照射下，显得温暖而惬意！未作多余装饰的空间仅仅通过协调统一的布置，表达出生活的平淡之美！

右上图　在家居布置中，通过大量对比手法的运用，使家居风格产生更多层次、更多样式的变化。

左中图　窗帘掩映下的洁净空间，通过红色和绿植的点缀来达到平衡，墙壁的素色调则增添了空间的温馨感觉。

小贴士

色彩的布局是反映主人艺术审美和个性特点的主要手段。如果对于客厅颜色没有把握，可以运用统一的淡色调，然后用软装饰进行色彩点缀，能够产生意想不到的效果。

　　左下图　深色的地板之上是浅浅的壁纸与洁白的沙发，空间之中，淡淡的落地灯散发着柔和的光芒，将空间演绎的"闺房"十足。

　　右下图　素雅的空间带给人童话般的感觉，对于喜爱轻雅的女孩来说，这样的居家空间无疑是最适合的，也是温馨与浪漫的代表。

左上图　巨大的落地窗被温柔的窗帘相隔开来，悠闲的秋千荡漾体现的是家居生活的温馨与安逸。

右上图　厚重舒适的软体沙发组合摆放在半通透的阳台中，午后的时光，躺在沙发上享受着温柔的阳光，一切都再惬意不过。

左上图 沙发成了功能空间分割的标志，各自相对独立的空间彰显着生活的舒适与规矩。

左下图 除了必要的家具陈设，客厅中没有做过多的修饰，提供了宽敞的空间。宽体的沙发搭配玻璃茶几在大面积窗户的映射下，客厅空间舒适度和采光度都非常好。

左下图　简单线型的沙发木结构搭配布艺面既柔软又明快，空间的整体统一配置凸显出了空间的舒适感。

右下图　现代的宽体沙发组合，搭配透明的落地窗户，现代感十足的客厅透露着暖暖的生活享受。

小贴士

客厅沙发布置成"U"形。"U"形布置是客厅中较为理想的座位摆设。它既能体现出主座位又能营造出更为亲密而温馨的交流气氛，使人在洽谈时有轻松自在的感受。视听柜的布置面对主座位，不仅显现庄重，还能洋溢出亲切、祥和的气氛。

左上图 统一简洁的木质色调，搭配现代风格的组合沙发，整个客厅显得素雅而具有生活的舒适感。

右上图 不同空间中协调一致的灯光设计，搭配整体的暖色调，让整个空间都倍显温馨的感觉。

左上图 靠阳台的简洁沙发，温馨的一枝鲜花或者鲜艳的一个靠垫都可以给空间带来温馨十足的感觉，何况还有如此充沛的阳光享受。

右上图 鲜艳的水红背景设计给偏冷的空间增添了一些温暖的色彩，使空间看起来感觉更为温馨一些。

左下图 现代风格的特点是功能至上，但是脱离不了生活的我们总是会将我们的居室装扮得更温馨、舒适。

小贴士

　　客厅沙发布置成面对式。面对式的摆设使聊天的主人与客人之间易产生自然而亲切的气氛。但对于在客厅设立视听柜的空间来说，又不太适合。因为视听柜及视屏位置一般都在侧向，看电视时，对于座位也要斜侧着头是很不妥当的。所以目前流行的做法是沙发与电视柜相面对，而不是沙发与沙发的面对。

左上图 设计得清新淡雅的客厅空间，身处其中，温馨浪漫的感觉油然而生，客厅布置得精致而舒适。

右上图 中规中矩的沙发组合，平平淡淡的色彩，普通之中蕴涵着家的温馨与幸福。

左上图 具有遮光性、防热性、保温性以及隔声性较好的半透明窗纱或双重花边窗帘对居室空间的温馨风格有很好的烘托作用。

左中图 客厅以温馨的淡色为基调，墙壁上的挂画与壁灯给空间增添了一份时尚的元素。

小贴士

客厅沙发布置成"L"形。"L"形布置适合在小面积客厅内摆设。视听柜的布置一般在沙发对角处或陈设于沙发的下对面。"L"形布置法可以充分利用室内空间，但连体沙发的转角处是不宜坐人的，因这个位置会使坐着的人产生不舒服的感觉，也缺乏亲切感。

左下图　灰白占主导地位的空间中，利用温馨活泼与快乐可爱的紫色来增加空间的颜色与风情。

右下图　设计得有些卡通味道的空间让人回到了纯真的童年，整个客厅弥漫着温馨与活泼的气氛。

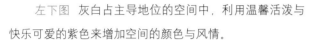

左下图　水晶吊灯与带有田园风味的餐桌相搭配，让用餐空间多了一种温馨浪漫的情调。

右下图　用一道玻璃隔墙让餐厅与厨房形散而神不散。通透的整体空间充满了生活的情趣与温馨。

小贴士

家具选购时检查含水率。可以采取手摸的方法，用手摸摸家具底面或里面没有上漆的地方，如果感觉发潮，那么含水率就比较高。还可以往木材没上漆处洒一点水，如果吸收得慢或不吸收，说明含水率高。

左上图 欧式的家具透着精致与华丽，餐厅被装扮得富有西式浪漫风情，自然也是温馨得让人"发腻"。

下中图 古朴的餐桌在暖色的空间中显得稳重而温暖，精致的吊灯则为空间提供了足够的靓丽色彩。

左上图 温暖的米黄色基调，简单舒适的家具组合，家就应该是让人感受温情的港湾。

中二图 木制的家具能够给人以生活的暖意，通透的采光设计更是增强了空间温暖与舒适的感觉。

上中图　餐桌上方一盏设计新颖而靓丽的吊灯，会让你的用餐心情也为之靓丽起来。

右上图　特制的玻璃隔挡，细细的纹路让空间的分割产生朦胧的感觉，营造出空间的温馨浪漫。

右下图　开放式厨房与客厅相通，可使面积增大，足够放置桌椅，兼用餐或会客。射灯的光照在华美的餐具上，折射出材料的靓丽，显得浪漫又温情。

左上图 在餐厅里找一个角落设计出一只酒柜，放几瓶酒，让射灯的光照在造型或华美或古朴的酒瓶上，折射出浓浓的酒液，营造浪漫。

左下图 镂空镜面背景墙的设计，不仅增大了空间的感觉，还给餐厅增添了一份温馨与惬意。

小贴士

家具选购时检查结构。椅子、凳子、衣架等小件家具在挑选时可以在水泥地上拖一拖，轻轻摔一摔，声音清脆的质量较好。方桌、条桌、椅子等腿部都应该有4个三角形的卡子，起固定作用，如果没有，时间用长就可能会散架。挑选时可把桌椅倒过来看一看，包布椅可以用手摸一摸。

上图 古朴鲜艳的红木家具搭配暖色的布艺餐椅很容易营造出温馨浪漫的用餐空间。

右中图 独特的烛光式吊灯设计让整个空间都弥漫着温柔浪漫的情怀，红色地毯的使用也更好地烘托了这一效果。

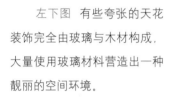

左下图 有些夸张的天花装饰完全由玻璃与木材构成，大量使用玻璃材料营造出一种靓丽的空间环境。

右下图 划出一块地方，构造一块属于自己的装饰背景，能够给空间带来非常丰富的空间与色彩变化，装点出空间的可爱。

小贴士

家具选购时检查平整度。将家具放在平地上一晃便知，有的家具就只有三条腿落地。看一看桌面是否平直，不能弓了背或塌了腰。桌面凸起，玻璃板放上会打转；桌面凹进，玻璃板放上一压就碎。注意检查柜门、抽屉的分缝不能过大，要讲究横平竖直，门子不能下垂。

右上图　封闭的餐厅空间中，暖色的造型吊灯将环境渲染得温暖而舒适。

左下图　用靓丽的暖色条纹布艺来装饰单色的餐桌能增添空间温暖的元素，再配上娇艳欲滴的鲜花点缀，浪漫温馨的情调自然扑面而来。

上图 田园风格的餐厅本身就具有很浓厚的浪漫温馨色彩，一份随意，一种自然都体现在这小小的空间之中。

左下图 造型别致的吊灯能够给空间带来独特的灯光效果，使空间具有朦胧感，增强餐厅的浪漫情调。

小贴士

　　家具选购时看包边、封边。封边不平，说明内材湿，几天封边就会掉。封边还应是圆角，不能直接直角。用木条封的边容易发潮或崩裂。三合板包镶的家具，包条处是用钉子钉的，要注意钉眼是否平整，钉眼处与其他处的颜色是否一致。通常钉眼是用腻子封住的，要注意腻子有否鼓起来，如果鼓起来了就不行，慢慢腻子会从里面掉出来。

左上图 温馨不一定需要宽敞的空间，恰当的装饰与色彩搭配，再点缀上精美小饰品，小的空间也能表现出足够的温馨舒适。

右上 素雅的空间因为有了灯光与装饰品的点缀而拥有了几许靓丽的感觉，温馨之中透露着时尚与可爱。

左中图　篮子里的水果，黄香蕉、红苹果、绿葡萄，再加上篮子的色调和造型，简直就是一张美丽的油画写物，使都市人感受到一点浓郁的乡村气息。

右下图　简洁的背景墙，柔和的灯光搭配木质餐桌，用餐环境被渲染得极其温暖与舒适。

小贴士

家具选购时看油漆。家具油漆要光滑、平整、不流唾、不起皱、无疤瘩。边角部分不能直棱直角，直棱处易崩渣、掉漆。家具的门子里面也应着一道漆，不着漆板子易弯曲，又不美观。

右中图 开放式的厨房空间凸现出家庭生活的温馨与亲密，木质的屋顶与黄色的艺术吊灯为空间提供了温暖的色彩感觉。

左下图 造型简洁的空间构造提供了宽敞的视觉效果，统一的暖色调使空间更具有温暖的家庭气氛，米黄色的灯光同样让人倍感温馨。

　　右中图　别致的餐桌搭配同样精致的吊灯，小小的用餐空间被装点得温馨而可爱。

　　下图　纯木制的家具在单一的白色空间中显得温馨而自然，黑色布艺与绿植则给空间提供了色彩上的平衡和点缀。

右上图　原木的餐桌使人感觉温暖而自然，玻璃的桌面则给空间提供了靓丽的元素。

右中图　古色古香的餐厅布置，温馨而简洁，竹艺窗帘将空间装点得古朴又温情。

下中图　简洁的立面之中是深褐色的地板与餐桌椅，窄小的空间没有过多的修饰，显得简洁而自然，家庭空间的功能感觉十分突出。

左中图　浓浓的暖意包裹着整个空间，鲜艳的挂画与碎花布艺提升了卧室的靓丽程度。

左下图　充满西方浪漫色彩的卧室中透露出来的是一种女性的温柔与甜美，很难有人能拒绝如此温馨的空间。

右上图　整洁的橱柜设计，不仅保留了空间的简洁，而且玻璃镜面也增大了空间感，素雅的整体色调让卧室显得柔情万分。

左中图　卧室不仅有女性的婉约之美，也有男性的刚阳之气，空间的色调搭配得恰到好处，温暖而性感。

上图　豪华大气的欧式风情将卧室渲染得柔情万分，暖色的灯光更加突出了这种效果。

右中图　温柔女孩的典型卧室，浪漫的气息中透露着女孩的柔情与可爱，雅致的空间中不见任何突兀的摆设。

右上图　浪漫的粉色与温暖的壁纸结合到一起就是让人倍感温馨的空间色彩，淡淡的纱缦给卧室带来了柔和的氛围。

小贴士

　　卧室里的灯具宜用表面亮度低的漫射材料灯罩，这样可使卧室显得光线柔和，利于休息。床头柜上可用子母台灯，大灯提供阅读照明，小灯供夜间起床用。

右中图 房间高且宽敞的，可考虑落地窗帘，与整体气氛相协调，也显大方气派；房间小且窗小的，宜选用罗马帘或卷帘，给人空间适度之感。

小贴士

合理使用色彩的对比能够给卧室空间增添变幻的色彩享受，同时也能营造空间温馨的浪漫情怀。

左上图　舒适惬意的卧室通过一抹跳跃的红色点缀出空间的动感，温暖而不失活泼。

右上图　素雅而简洁的空间通过床罩与灯具的色彩来起到平衡和点缀，华丽的欧式造型也增添了些许高贵气质。

左上图 简洁的卧室布置让空间看起来非常宽敞，暖色的整体设计与床边柔软的地毯都显示出来卧室的温馨舒适。

左下图 温馨而浪漫的小居室设计，大大的窗帘决定了整体空间的温馨基调，条纹的布艺与地毯则增添了色彩的分割，靓丽的水晶吊灯配合着彩色的壁灯，将整个空间映射得温柔而时尚。

上图　精致的丝绸感床罩四周是浪漫的紫色墙壁，别致的吊灯与床头灯相呼应，不大的卧室装扮得时尚又温馨。

右中图　床边临窗处，摆放一套软软的搁脚沙发，米黄的色调搭配洁白的纱窗，让卧室空间充满了惬意的生活享受。

左上图　全部米黄色的布艺减轻了小卧室的视觉负担，放大了空间感觉，同时也让卧室空间充满了温暖而舒适的感觉。

右下图　田园风情的卧室更具浪漫色彩，碎花壁纸，精致的欧式床具，华丽的水晶吊灯，让卧室在温馨之中流露出些许高贵之美。

左上图　使用简洁而温柔的床头台灯，能够减少因为空间的狭小而产生的压抑感，同时还可以为卧室空间营造出温馨浪漫的气氛。

左中图　现代风格的卧室也能营造出温馨的气氛，通过顶面四周布置的壁灯，能分散光线，减弱现代家具对卧室的影响，营造出温馨的私密空间。

上图 铁艺和色彩的应用让卧室空间少了一份婉约柔情，多了一份可爱纯真。不过窗帘的粉红色还是透露出一丝温柔的情调。

右下图 温暖的色调统一，让原本现代的家具也变得柔情起来，简洁的卧室充满了温馨的感觉。

左上图 书桌的功能被人为地扩大了，延伸的书桌成为了卧室空间一道美丽的风景线，带来了自然的清新与美丽。

下图 一个鲜艳的抱枕，一盏别致的台灯，赶跑了空间的单调，让卧室充满了温馨的舒适感觉。

左中图　家居空间
中半开敞的储物柜，
既避免了全部开敞的
杂乱，也没有全部封
闭的单调，显得生活
气息非常浓厚。

左下图　清新与
自然充满在整个卧室
之中，浪漫与温馨的
感觉扑面而来。

左下图　高大的储物柜总是会有一种笨重的感觉，在这温馨的卧室空间中，将小巧的储物格悬挂起来，给卧室增添了一份可爱的情趣。

右下图　窗帘与床盖，无论图案是否一样，都应风格统一，这是温馨卧室装饰的原则之一，否则就很容易破坏空间的整体感觉。

右上图 为厨房可以选择一帘漂亮的布艺装饰，点缀平淡的空间，为主妇下厨平添愉悦、活泼的气氛。

右中图 除了整块的瓷砖背景墙，色彩的大块应用也能大大增强厨房的温馨程度，颠覆对传统厨房的感觉。

左上图 开放式厨房中，合理地将整体橱柜加以延伸，构造出一个小的用餐空间，增强了功能空间的联系，也营造出一个亲密的家庭环境。

右上图 别致的抽油烟机，精致的整体橱柜还有灶台，这些本身就具有一定的观赏性，因此大量的留白显得厨房空间整洁而干净。

左中图 大块瓷砖背景墙的装饰与橱柜颜色的应用营造出一个温馨而洁净的厨房空间。

左下图 有条件的厨房完全可以设计的精致而富有情趣：开放的厨房空间不再只是忙碌与辛劳，这都是厨房赋予我们的新的生活享受。

左上图 对生活的极致追求同样体现在卫浴空间之中，精致得近乎艺术品的卫生器具，通透的采光效果，加上鲜花的点缀，一个极富温馨浪漫色彩的空间便呈现在生活之中。

下中图 卫生间也可以来些情趣，可爱的贴花不仅打破了空间的单调，还能为卫浴空间带来舒适的视觉感受。

右下图 时尚的墙面背景、精致的墙面装饰、靓丽的隔断设计，小小的卫浴间被装点的十分漂亮。

上中图 美丽的花式瓷砖，点缀平淡的墙面，为单调的卫浴空间增添了愉悦、活泼的气氛。

左下图 一盆鲜艳的靓丽鲜花就能将整个空间点缀得美丽无比。对于小空间而言，恰当的软装饰能够起到很明显的效果。

右下图 现代材料的应用也为传统的卫浴空间提供了更多的选择，一样的温馨色调，却有不一样的空间感受。